¿CÓMO EMERGE EL ORDEN EN LOS SISTEMAS SOCIALES?

Teoría del Caos y Teoría de Sistemas Complejos en la prevención de la violencia y la delincuencia.

Santiago Roel R

junio 2010

Traducción al Español por el autor en abril 2013

www.prominx.com

Reseña del libro

¿Cómo emerge el orden en los Sistemas Sociales?

Es un libro breve pero sustancioso en donde el autor cuestiona el éxito de su modelo de prevención social de la violencia y la delincuencia desde lo teórico.

Utiliza conceptos de la Teoría del Caos y de la Teoría de Sistemas Complejos Emergentes con las cuales construye puentes interesantes pero no se queda ahí, pues al no encontrar algunos elementos clave para explicar su modelo, propone algo nuevo a la teoría.

Una lectura obligada para estudiosos de la ciencia social y los sistemas complejos.

ISBN-13: 978-1512010343

ISBN-10: 1512010340

Perfil del Autor

Santiago Roel es especialista en Administración de Calidad, sistemas complejos, procesos de cambio y Teoría del Caos aplicado a lo social. Es un rebelde que cuestiona constantemente los supuestos y paradigmas existentes. Es un pragmático feroz pero también un teórico experimentado.

En 1990 se incorpora por primera vez a la administración pública. Como el primer director de ecología en México, logra bajar radicalmente la contaminación en su ciudad después de un pleito público con PEMEX -la empresa paraestatal más importante del país. Lo hace exclusivamente con una arma que no dejará más, la información.

En 1991, se agrega al gobierno estatal como titular de Modernización y luego como Secretario de Administración. Nuevo León da ejemplo al país por su innovación y osadía de convertir al gobierno en una organización que piensa y actúa para sus clientes.

En 1996 es reclutado al gobierno Federal para implementar el programa de modernización. El sistema lo escupe dos años después justamente por que empezaba a moverse en la dirección deseada e incomodar a la dependencia en donde trabajaba: La Secretaría de la Contraloría.

En 1998, como asesor independiente logra replicar la reducción radical de la delincuencia en Tabasco, como ya se había logrado en Nuevo León. En el

¿Cómo emerge el Orden en los Sistemas Sociales?

2008, como asesor de Sonora, con la metodología del Semáforo delictivo logra situar a este estado como el más seguro de la frontera norte y uno de los más seguros del país. Con esa misma metodología y asesorando tanto al estado como al movimiento ciudadano, contribuye a que Nuevo León salga de su peor crisis de inseguridad.

Actualmente promueve la rendición de cuentas, el buen gobierno y el activismo ciudadano inteligente mediante el proyecto ciudadano Semáforo Delictivo Nacional que puedes ver en www.semaforo.mx

Otras publicaciones por el autor

- **Entre el Orden y el Caos**
- **Estrategias para un Gobierno Competitivo**
- **Entre el Águila y la Serpiente**
- **Información: La clave para entender la complejidad**

Si deseas saber más del autor o ponerte en contacto con él, ve a www.prominix.com o escríbele en prominix@gmail.com

Introducción

En el paradigma del materialismo mecanicista, los físicos y los químicos proponen las nuevas teorías que más tarde son introducidas a la biología o la sociología. Nuevas reglas para el mundo inanimado son exportadas a otros planos de conocimiento en un intento por entender el mundo más complejo de lo vivo y lo social desde una dimensión simplificada.

La Teoría del Caos no es la excepción y así, encontramos economistas y sociólogos intentando aplicar las nuevas herramientas, aunque en ocasiones, tratando de predecir lo impredecible y por tanto, sin entender la verdadera naturaleza del caos.

En la Teoría de Sistemas Complejos por el contrario, encontramos que son los biólogos quienes generalmente llevan la iniciativa; se invierte el orden del descubrimiento desde la biología hacia la física y la química. En el fondo, ésta es una rebelión silenciosa contra el reduccionismo; los sistemas vivos no pueden reducirse a lo físico ni a lo químico, son mucho más complejos que eso pues tienen cualidades de un orden diferente que es irreductible.

¿Y en lo social?

¿Cómo emerge el Orden en los Sistemas Sociales?

Es sumamente utilizar estos conceptos como herramientas de análisis de los fenómenos sociales: los conceptos de la Teoría del Caos o de los Sistemas Complejos son estimulantes al analizar los sistemas sociales. Sin embargo, seguimos sin poder comprender sus conceptos plenamente y más importante aun, sin entender cómo aplicarlos, algo que pudiera ayudarnos a crear mejores entornos sociales, económicos y políticos.

Algo falta

Hay perspectivas en sicología, política, gobierno, economía y sociedad, que no aplican necesariamente a la biología: Una de ellas, por ejemplo, es el tratar de hacer cambios rápidos y radicales en un sistema social, algo en lo que hemos estado trabajando desde 1991.

Éste es el propósito del ensayo: expandir la teoría desde de nuestra experiencia de más de 18 años en la prevención del crimen, el trabajo con consejos ciudadanos y la reforma administrativa de gobierno.

Nuestra Experiencia

Comenzamos a principios de los noventa con la reforma de gobierno en Nuevo León, México. Fue un tiempo fructífero para experimentar con nuevos modelos de gestión en la administración pública. Tomamos nuestro bagaje teórico de Administración de Calidad Total que era muy popular en el próspero entorno industrial de Monterrey. Nuestro propósito era crear un gobierno estatal eficiente y efectivo, enfocado al cliente y a la comunidad. El tiempo, los recursos y la experiencia eran escasos y el objetivo de cambiar el sistema era extremadamente ambicioso. Esta presión generó una respuesta muy creativa y muy práctica por parte de un compacto grupo de funcionarios y consultores de gobierno.

Tuvimos éxito a pesar de que las probabilidades estaban en nuestra contra. En un par de años generamos numerosas historias de éxito en las diferentes oficinas del gobierno estatal. Otros gobiernos en México nos tomaron como ejemplo a seguir. En este proceso aprendimos algunas de las variables clave para mover un sistema hacia una nueva dirección en el corto plazo y de paso, ampliamos la teoría de la Calidad al adaptar sus conceptos al plano de lo social.

¿Cómo emerge el Orden en los Sistemas Sociales?

Una de nuestras más gratas sorpresas se manifestó en la prevención del delito. Con el programa de Calidad de gobierno, los índices de criminalidad-ya de por sí bajos en comparación contra el resto del país- se desplomaron en cuestión de meses. Fuimos el primer estado en publicar la incidencia delictiva junto con otra serie de indicadores de impacto o de resultados; algo sumamente inusual para un gobierno latinoamericano. La publicación mensual ejercía presión a la policía para mejorar su desempeño, pero lo más importante, también logró el trabajo en equipo entre agencias de gobierno, población en riesgo y la prensa. Éramos un gran equipo trabajando a favor de la prevención social de la violencia y la delincuencia.

En 1998, trabajando con la procuraduría estatal a cargo de Patricia Pedrero, replicamos la historia con éxito en Tabasco con resultados similares. La mayoría de los delitos patrimoniales cayeron entre un 20 y un 50% pero nuestra mayor recompensa fue reducir la violación en mas de un 50% en menos de un año.

En el 2006 me pidieron que ayudara al estado de Sonora, el segundo estado más extenso de México. Ya me había retirado de la consultoría pero el reto se veía interesante y el entusiasmo de los funcionarios sonorenses me contagió. Sonora está rodeado de estados de "doble rojo" en el Semáforo Delictivo Nacional" como Chihuahua, Sinaloa y Baja California, el Mar de Cortés y una frontera conflictiva con Arizona, infestada de mafias de tráfico de personas, de armas y de droga. En un par de años habíamos reducido radicalmente los índices de delincuencia y Sonora se convirtió así, en el estado más seguro en la frontera norte, incluyendo ambos lados de la frontera. Fue un gran éxito nacional e internacional que contrastaba con los momentos difíciles de México ya que en el 2008 la gente marchaba por las calles para protestar en contra de la inseguridad del país; en el 2009 Sonora ganó el Premio Nacional de Innovación con su programa de prevención del delito. Este es un comparativo reciente publicado en el Semáforo delictivo Nacional con datos del 2012:

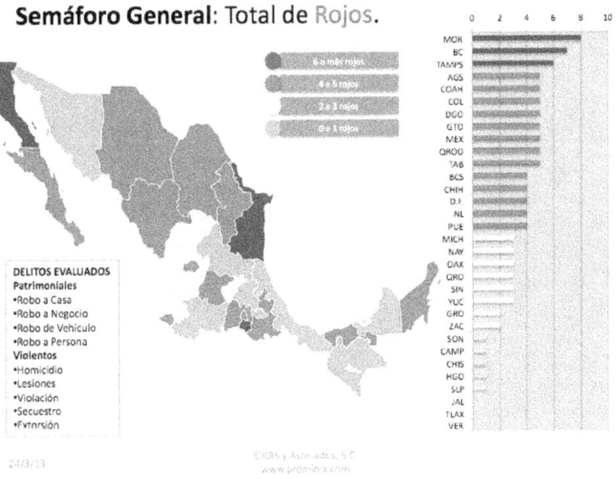

Con la creatividad y voluntad de Sonora pulí el modelo y le di el nombre de *Semáforo Delictivo* pues usábamos los rojos, amarillos y verdes en las gráficas para señalar el desempeño mensual de la incidencia por delito.

La historia también tuvo otro éxito interesante: el modelo de rendición de cuentas y de toma de decisiones continuó con la siguiente administración, algo sumamente inusual en México y en Latinoamérica.

Recomendamos ver:

1. Página del Semáforo Delictivo

http://www.semaforo.mx

2. Herramienta Semáforo Delictivo

http://www.semaforo.com.mx

Nuevas Teorías

Aunque los principios y las herramientas de la Calidad seguían siendo utilizadas en el modelo, sabía que me encontraba en territorio ignoto y me intrigó entender el éxito del modelo desde la teoría.

Empecé por estudiar la Teoría del Caos y luego me pasé a la Teoría de Sistemas Complejos. Algunos conceptos me impresionaron pues encajaban perfectamente con nuestros hallazgos prácticos.

Más adelante, busqué libros sobre estas teorías aplicadas a lo sistemas sociales, de justicia y de prevención del delito, y aunque encontré algunos, estaban muy por debajo de mis expectativas pues sólo repetían conceptos sin relación a alguna a la experiencia. Recordé lo que Deming, padre de la Calidad, denominaba "la etapa del falso aprendizaje": cuando los académicos utilizan los nuevos conceptos verbalmente, pero no tienen ni idea de cómo aplicarlos en la práctica. Así que mi primer abordaje fue hacer un puente entre nuestro modelo de prevención del delito y las teorías de la dinámica no-lineal y los sistemas complejos. Brevemente, estos son algunos de los puentes que encontré.

¿Cómo emerge el Orden en los Sistemas Sociales?

Realidad no-lineal

Uno de los conceptos fundamentales que los encargados de formular políticas, analistas, gestores públicos, la prensa y los políticos deberían entender que los sistemas sociales son los más complejos de todos y por lo tanto, no hay lugar para el pensamiento lineal: Es difícil determinar la casualidad (A causa B; a mayor A, mayor B) en los sistemas complejos, es inútil predecir resultados precisos y es extremadamente peligroso conceptualizar con soluciones simplistas que pueden tener un gran atractivo popular para las masas pero que son la causa de la mayoría de los fracasos de las políticas públicas.

Cuando se nos pregunta por qué Sonora ha tenido éxito en la reducción de la delincuencia la gente espera que yo les dé una receta precisa con 4 o 5 acciones muy concretas. Pero esta perspectiva es errónea porque es lineal: no es cuestión de tecnología, control de la policía, nuevas leyes, etc. Tenemos que ver al sistema como un todo y lo que hicimos en Sonora fue cambiar el sistema. Por sistema nos referimos a la policía, los políticos, las agencias de desarrollo social, los medios de comunicación y lo más importante, a los ciudadanos. Todos toman mejores decisiones en Sonora en materia de prevención del delito. Hicimos un cambio de paradigma trabajando con las mismas leyes, gente, tecnología y recursos. Así que la respuesta correcta a la pregunta sería: "Hemos creado las condiciones para el surgimiento de un nuevo orden complejo."

El Universo no es lineal, nosotros vivimos en una realidad no-lineal, pero seguimos pensando en términos mecanicistas. No es cuestión de hacer A para que suceda B. Es mucho más complejo que eso. Explicaré más este concepto cuando hablemos de geometría fractal.

Orden, Caos y Criticidad

El orden está contenido en el caos y el caos está contenido en el orden. Es como el diagrama Taoísta del Ying y el Yang.

Pero los términos son engañosos. En la dinámica no-lineal, caos es considerado orden complejo (caos extremo es lo que solemos pensar como caos). Esto no es aleatorio; los patrones surgen espontáneamente en la forma de *atractores*. Un *atractor* es un conjunto hacia el cual evoluciona el sistema con el tiempo. Un atractor puede ser un punto, una curva o un conjunto complejo con estructura fractal conocido como *atractor extraño*, el más popular de éstos es el que simula una mariposa.

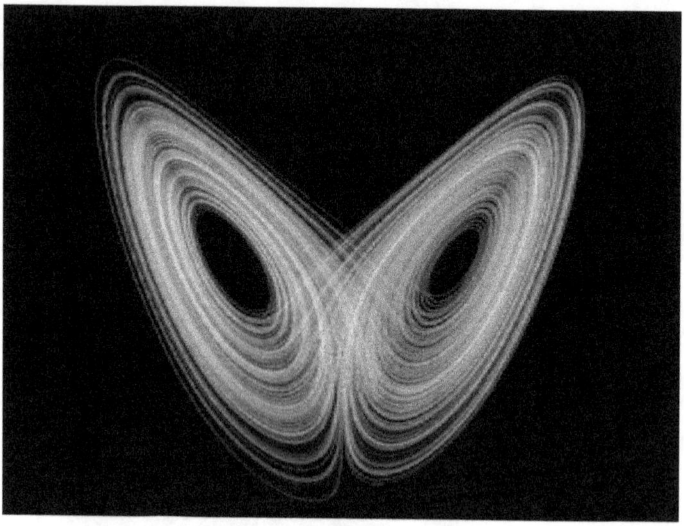

La frontera entre el caos y el orden se denomina *criticalidad* y es donde se ubican los sistemas vivos. Realidades congeladas o extremadamente caóticas no son compatibles con la vida. La vida es cambio, constante cambio, pero no de manera aleatoria pues sigue reglas básicas y usualmente simples. Si podemos entender estas reglas, somos capaces de hacer un cambio en el sistema.

Uno de los signos claves a observar cuando se intenta cambiar un sistema es la oscilación. El sistema comienza a fluctuar en lo que se conoce como una *bifurcación* y este proceso se repite una y otra vez. La bifurcación, la oscilación del sistema es un indicador de que el sistema está a punto de lograr un nuevo orden complejo.

Los sistemas deben ser observados como un todo, por los resultados y movimientos y no por sus partes en una disección estática. Este concepto es contrario a la intención de reducir (reduccionismo) o de entender el todo por sus partes.

En una nota más práctica para los gestores de políticas puedo sugerir algunas pautas: La turbulencia es necesaria y bienvenida al cambiar un sistema, la turbulencia es parte de la vida y algunos dirían, es la vida misma. El control jerárquico y el deseo de crear un sistema extremadamente ordenado es altamente antinatural e inviable, por lo menos, no sin un alto costo en vidas, recursos, creatividad y éxito. Más importante aún, los sistemas complejos tienen la capacidad de auto-regularse o mejor dicho, de *auto-ordenarse*. El orden complejo emerge permanente en los sistemas.

Geometría fractal, auto-similitud y lo infinito dentro de lo finito.

La geometría fractal es la geometría de la naturaleza y mucho más compleja e interesante que la geometría Euclidiana que aprendimos en la escuela. Usted puede buscar en Google *fractales* y entender a lo que me refiero al decir que las reglas simples crean complejidad y belleza en la naturaleza. Es la manera inteligente en la que la naturaleza crea. Los pulmones, los vasos sanguíneos y la mayoría de nuestros órganos son posibles porque son fractales: hay una inmensa superficie dentro de un espacio limitado. El copo de nieve de Koch nos ayuda a entender el principio: El círculo que rodea es *finito*, la superficie de el copo puede llegar a ser *infinita* al añadir nuevos triángulos de manera sucesiva.

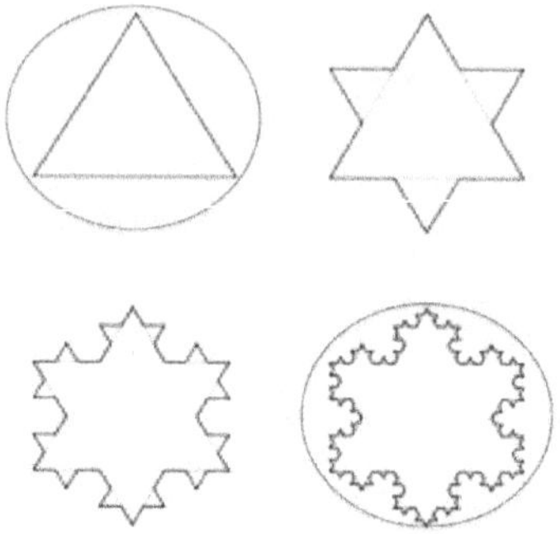

La naturaleza usa las mismas reglas para crear complejidad y por tanto, hay similitud a diferentes escalas del sistema. Interesantemente, esta similitud de estructura a diferentes escalas es observable en las gráficas de delincuencia en los diferentes niveles de colonia, ciudad, estado y nación.

Pero permítanme hacer un puente a algo importante para los que toman decisiones. Lo que la geometría fractal nos enseña es que lo *infinito está contenido en lo finito*. Es como un piano. El número de notas que podemos tocar son *finitas* y contenidas en el teclado, pero el número de combinaciones de melodías y armonías son *infinitas*.

¿Qué tiene esto que ver con la prevención del delito?

La costumbre siempre ha sido la predeterminación de las estrategias para la prevención del delito: hacer un plan. Pero la propuesta radical que aquí proponemos es que sólo podemos determinar los principios básicos, el teclado por así decirlo. De hecho, el número de acciones en el sistema son infinitas. Toda persona dentro de el sistema está tomando decisiones constantemente. Estas decisiones se evalúan semanal o mensualmente contra resultados. No es necesario perder mucho tiempo en hipótesis; la nueva idea puede ser llevada a las calles y probada en el corto plazo. Si la nueva acción es efectiva, se implementa; si no, puede ser reformulada. Así es como funciona la naturaleza. Este proceso puede ser replicado a diferentes escalas: estado, ciudad y colonia. Es auto-similar.

La clave entonces, radica en establecer las reglas para que el proceso de toma de decisiones esté basado en información relevante y llevado a cabo por el equipo en ciclos cortos. En contraste, los planes predeterminados y los diagnósticos académicos que siempre los anteceden, son engorrosos, caros y desafortunadamente, inútiles.

¿Cómo emerge el Orden en los Sistemas Sociales?

En nuestro modelo de prevención del delito determinamos un ciclo permanente de 5 pasos: Focalizar, medir, comunicar, tomar decisiones y evaluar.

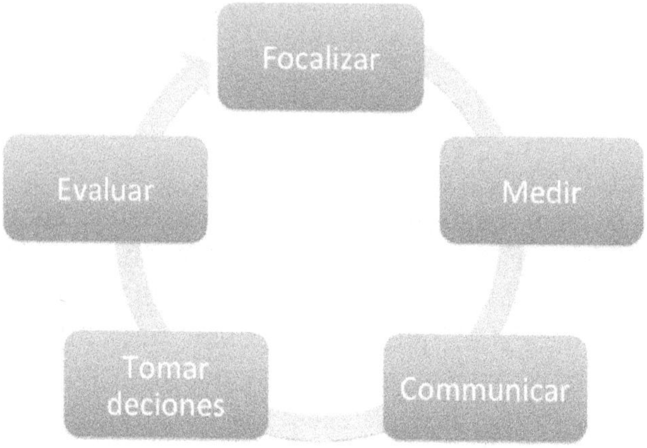

1. Focalizar es sumamente importante. Nos concentramos en los crímenes, los municipios y las colonias de mayor incidencia. Usamos el Principio de Pareto (80-20) para determinar la población en riesgo.

2. Medir es equivalente a extraer información de el sistema, en este caso, el sistema nos *habla* a través de los índices de criminalidad o las encuestas de victimización.

3. Comunicar: Mandamos la información de regreso al sistema para ayudarlo a que tome mejores decisiones.

4. Todos tomamos decisiones: El gobierno, la policía, los medios de comunicación, los ciudadanos y la población en riesgo. Hay tres tipos de decisión: Reforzar, repensar o pedir más información.

5. Evaluar resultados. Es tiempo de focalizar de nuevo.

El sistema crea ciclos iterativos breves en los cuales el orden es permitido que emerja en una manera orgánica y dinámica en todo el sistema.

Orden Emergente y el Paradigma de Control

Este es uno de los conceptos más asombrosos. El orden emerge de forma natural en los sistemas complejos. Las partículas, los agentes, los animales y las personas siguen ciertas reglas básicas dentro del sistema y esto crea un orden complejo; no hay jerarquía involucrada. Este fenómeno puede observarse claramente en los rebaños, los enjambres o las multitudes y puede ser modelados en una computadora. Recomiendo ver *Starlings on Otmoor* en YouTube para ver cómo miles de estorninos crean orden y belleza, sin un líder y sin un plan.

Las reglas simples para el tráfico en una multitud son: seguir a la persona frente a ti, mantener cierta distancia de tus vecinos y sacarle la vuelta a los obstáculos. Podemos añadir el evitar al depredador en rebaños o al pensar en las víctimas potenciales en la prevención del delito.

Los sistemas complejos tienen la arraigada capacidad de auto-ordenarse. El orden emerge de escenarios caóticos y hay una enorme diferencia entre el tratar de regular un sistema y ayudarlo a que se auto-ordene. Esto es generalmente desconocido por los líderes, gestores de políticas o analistas; la mayoría de los líderes o administradores tratan de controlar porque verdaderamente creen que éste es el único camino hacia al éxito, cuando de hecho, es todo lo contrario. Paradójicamente, la intención de control crea desorden.

El siguiente ejemplo es claro y radical: La mayoría de los violadores generalmente son familiares o conocidos de la víctima. En Tabasco y en Sonora les dimos esta información a las víctimas potenciales y con ello se logró reducir radicalmente las violaciones. En un enfoque tradicional- con afán de control- esto hubiera sido imposible y era justamente, lo que la Procuradora General de Tabasco intentaba en un principio. Ella creía que la única estrategia que tenía a la mano era reforzar la procuración de justicia en contra de los agresores, pero aunque útil, esto realmente es una perspectiva lineal con leve impacto en el sistema ya que la mayoría de las violaciones no son denunciadas. Por otra parte, es imposible proteger a las víctimas potenciales desde una perspectiva de control: No hay manera de instalar un policía en cada hogar para prevenir la violación por familiares y además, lo obvio: ¿quien cuida a al policía?

De nuevo, el paradigma de control es altamente ineficaz y costoso pues no es natural. Las peores políticas y las decisiones más costosas de gestión, económicas, sociales, educativas o de sistemas políticos provienen de intentar controlar a otras personas. El control debe ser considerado como una medida extrema y temporal. Las reglas que funcionan con la autonomía de las partes son una mucho mejor opción.

Otros Conceptos

Por supuesto, hay muchos conceptos interesantes en la Teoría del Caos y de Sistemas Complejos y recomiendo a los estudiantes de ciencias sociales, a los políticos innovadores, a los funcionarios gubernamentales, maestros y comunicadores que lean tanto como les sea posible. Al final, incluiré una breve lista de libros y artículos que he encontrado útiles.

Lo que no Encontré en la Teoría

Entre más leía sobre sistemas complejos, más claro me quedaba que algo hacía falta en la teoría. Los conceptos que encontré en los libros eran excelentes pero se quedaban cortos al tratar de explicar nuestro éxito con el modelo de prevención de delito.

La información como elemento clave para la emergencia del orden

Uno de los conceptos es la información. Sabemos que el flujo de información relevante es fundamental para reducir los índices de criminalidad. Esa es la piedra angular de nuestro modelo; la información relevante fluye en todo el sistema con la idea de crear conciencia, lo que nosotros llamamos ***inteligencia preventiva***. A pesar de que encontré algunos conceptos interesantes sobre la información como las reglas de las redes o que la turbulencia o el caos son mas significativos que el orden, no encontré el concepto claro de la información como *clave* para la emergencia el orden. No es una idea adicional es un principio fundamental. Para reducir el crimen obtenemos información estadística valiosa de los reportes de delitos y de las encuestas de victimización, la traducimos a conocimientos prácticos para la población y todo esto lo enviamos de regreso a la comunidad en un ciclo mensual.

Y así concluí que el flujo de información dentro del sistema, como principio fundamental, era el eslabón que hacía falta en la teoría de la complejidad para poder entender el la emergencia del orden.

No habíamos cambiado ninguna ley en Nuevo León, Tabasco o Sonora; no trabajamos con la estructura policíaca, equipo, tecnología o gestión; no tratamos de entender los motivos de los delitos; no nos enfocamos en la corrupción. Solamente nos enfocamos en la información: la información fue la que cambió la percepción y decisiones de la policía y los ciudadanos, y con esto se redujo el crimen.

¿Es todo?

Así pensaba, pero pronto entendí que había algo más.

En el 2009 se celebraron elecciones municipales y estatales en Sonora. Un nuevo partido subió al poder. Los medios de comunicación y algunos funcionarios que conocían a fondo las razones del éxito de Sonora presionaron al nuevo gobierno para continuar con el programa. La información siguió fluyendo a través del Semáforo Delictivo pero el crimen comenzó a repuntar. Las luces verdes pronto se convirtieron en rojas. Las herramientas y los conceptos estaban allí pero les faltaba algo. Me metí de nuevo a la teoría pero no encontré una explicación clara a lo que estaba sucediendo. Así que, de nueva cuenta, salí a descubrirla.

¿Qué había cambiado en Sonora? Los políticos y funcionarios de primer nivel. ¿Qué había estado trabajando con el equipo anterior? El cambio paradigmático del modelo. El método del Semáforo Delictivo era engañosamente sencillo pero el cambio de paradigmas subyacente era radicalmente diferente y difícil de entender y vender. Puedo mencionar muchos de los nuevos paradigmas, pero el más importante era el de orden versus control. No tratábamos de controlar nada, estábamos intentando ayudar al sistema a auto-ordenarse, y como se puede inferir, este es un hueso duro de roer para la mayoría de los políticos y jefes de la policía.

¿Qué había cambiado? La intención.

El método estaba allí, la información estaba allí, pero la intención había cambiado. Las nuevas personas a cargo acababan de entrar después de una elección muy reñida. Las campañas son como una guerra: hay enemigos, estrategias, armas, ganadores y perdedores. Y así, no es de extrañar, que cambiaron el nombre del programa de prevención del delito por el de "La Gran Cruzada" e hicieron un esfuerzo promocional muy bueno pero los resultados eran negativos.

El objetivo del nuevo programa sonaba como el anterior pero era diferente de muchas formas sutiles y si la intención cambia, todo cambia, aún la calidad y el propósito de la información.

Volví a los libros científicos. En ninguno se hace mención de la intención. Busqué *resultado deseado* o *propósito* del sistema. Tampoco encontré menciones. Entonces entendí que los científicos no están dispuestos a arriesgarse a mencionar un propósito más elevado, o un resultado deseado en un sistema -físico o biológico- ya que esto podría conducir a un punto de vista creacionista.

Sin embargo, cuando hablamos de los ecosistemas es muy claro que hay un resultado deseado: la vida.

Todos los agentes, todas las plantas y los animales tienen un propósito individual-vivir, el propósito de una especie-reproducirse y un propósito mayor-contribuir a la vida del ecosistema. Los científicos pueden debatir sobre si es la cooperación o la competencia la motivación principal (yo estoy convencido que es la cooperación) pero esto es secundario al objetivo principal: mantener las condiciones de vida del ecosistema. El cuerpo humano es un claro ejemplo de un propósito mayor: Hay 50 billones de células individuales en evidente cooperación y comunicación para el bienestar de el cuerpo, en alineación con un propósito colectivo superior y con un ecosistema.

Ahora, cuando hablamos de los sistemas sociales podemos hablar de la intención sin tener que entrar en un debate de una inteligencia divina. La intención es muy humana y por tanto, podemos seguir adelante sin distraernos con discusiones decimonónicas. La intención es la primera regla a observar para el orden emergente en los sistemas sociales

Cuando comprendí esto, comencé a insistir en el cambio paradigmático ante la nueva administración: El orden era importante, no podíamos controlar nada (excepto nuestras propias acciones e incluso eso es discutible desde el punto de vista psicológico), teníamos que entender y promover el orden natural. No estábamos peleando una guerra, no había enemigos; no buscábamos venganza; no éramos motivados por el miedo o el odio: la paz era un mejor campo emocional. No era una cuestión de reacción policíaca sino de prevención social. Todos eran importantes y si eso se hacía evidente los recursos serían abundantes. Teníamos que trabajar con todo el sistema: la población en situación de riesgo, las comunidades, etc. La prensa era parte del equipo, seguiría siendo crítica, pero ahora lo haría con conocimiento de causa- la calidad de la información mejoraría. Ningún privilegio para nadie- la ética por encima de la política. Estos fueron algunos de los paradigmas que había enfatizado con el gobierno anterior y ahora hice lo mismo con los nuevos responsables, no sin la resistencia inicial de algunos, como es natural y esperado.

Esto puede parecer idealista o etéreo para muchos. No voy a discutir eso, quizá es ambas cosas, pero funciona y eso es lo importante.

A medida que fueron entendiéndose los principios del modelo, en los primeros meses de 2010, la información y las acciones se alinearon y los índices de criminalidad comenzaron a moverse de nuevo hacia el verde.

Las acciones siguieron a la información, la información siguió a la intención.

Tres principios básicos en los sistemas sociales

Por lo tanto, propongo que los sistemas sociales complejos siguen 3 leyes fundamentales o principios:

1. Intención

2. Información

3. Reglas básicas de acción (o interacción)

Reglas básicas

Las reglas básicas de acción se dan dentro de cualquier sistema: Cultural, psicológico, jurídico, biológico, económico y físico. La mayoría de los científicos estudian estas reglas desde su trinchera específica. En los enjambres, manadas o multitudes, las personas atienden reglas simples: Seguir al de enfrente, mantener una cierta distancia de los compañeros laterales y evitar a los depredadores y obstáculos. Estas reglas básicas crean orden dentro de la manada sin la necesidad de un líder. El orden surge de forma natural. El tráfico de autos tiene reglas similares y no hay necesidad de policías en cada auto para supervisar y controlar el comportamiento de los conductores. Los sistemas físicos y biológicos siguen reglas simples con las que crean una increíble sofisticación y complejidad. Estas reglas se aplican a diferentes escalas, como puede verse en la geometría fractal; la naturaleza utiliza las mismas reglas en todas las escalas, como bloques básicos de construcción para la complejidad.

La mayoría de los políticos y los líderes se centran en cambiar las leyes para modificar o influir en la sociedad. La mayoría de los teóricos analizan estas reglas en forma tradicional o convencional.

La Teoría del Caos y la Teoría de Sistemas Complejos es la *nueva* ruta no-convencional que reconoce la realidad no-lineal de la Naturaleza.

Esto indica que hay una relación compleja entre los agentes que se deriva de una ecuación simple o de un conjunto de reglas simples. La sensibilidad a las condiciones iniciales y la complejidad hacen difícil hacer predicciones precisas de hacia donde irá el sistema si se estimula o es influenciado, excepto dentro del rango del atractor. El sistema puede ser ordenado, muy caótico o crítico. La criticalidad es reconocida por muchos como la frontera entre el orden y el caos extremo y el lugar para estar si se quiere estar vivo. La vida es turbulenta, pero no extremadamente turbulenta ni congeladamente ordenada. Puedo continuar con los conceptos pero estoy seguro de que se entiende en dónde encajan; son las reglas básicas de acción que las personas siguen dentro de un sistema y es importante entenderlas para poder interactuar de manera efectiva con el sistema.

En cuanto a los sistemas sociales, podemos agregar y analizar los incentivos económicos, las reglas sociales, las motivaciones psicológicas o los parámetros legales, pero sólo serán una parte del todo. De hecho, como lo hemos dicho, aunque se ha logrado reducir radicalmente la delincuencia en Sonora nunca cambiamos las reglas del sistema: No analizamos el por qué de las violaciones de un tío o un padrastro o por qué el alcohol induce a la violencia doméstica o por qué los delitos violentos aumentan en la primavera y el verano o por qué la corrupción policial es necesaria para proteger los robos de autos. No hemos cambiado ninguna ley a pesar de que quizá hubiese sido útil en algunos casos. Así que podemos pasar al siguiente principio: la información.

La información

La información es clave para los sistemas complejos. Las aves de la parvada o los antílopes en la manada o la gente en la multitud utiliza información constantemente para moverse. Ante la sensación de que un depredador anda al acecho o un ligero movimiento en sus vecinos, reaccionarán de inmediato. No hay un líder de la manada, hay información que cuando se aplica a las reglas de acción ayuda a que el sistema se auto-regule.

Sin embargo, no he encontrado mucha literatura sobre este tema, salvo que la turbulencia tiene más información que el orden: La información dentro de la turbulencia es más significativa, porque algo "nuevo" que está sucediendo, hay un acontecimiento novedoso y sorprendente qué notar. Por el contrario, la redundancia-información repetitiva- es mucha cuando hay calma. Por ejemplo: El proceso de caminar lentamente entre una masa de gente está lleno de información redundante, por el contrario, escapar de un incendio en una sala de cine está lleno de información relevante.

Otro concepto interesante es cómo funciona una red. No todos los individuos tienen que estar conectados entre sí, la red se comunica a través de nodos; esto es económico y la naturaleza es siempre económica. Al igual que los amigos o las redes sociales, hay sitios Web o amigos con muchas conexiones y otros con pocas conexiones.

En nuestra experiencia con la reducción de la delincuencia hay pautas prácticas a seguir en el tema de la información:

1) La información debe ser relevante para la población en riesgo. La gente no se interesa mucho en saber lo que el gobierno está logrando (propaganda gubernamental), están interesados en saber qué hacer para prevenir emergencias o qué hacer durante una emergencia. Están mucho más interesados en su comunidad inmediata y familia que en una escala mayor. Así que la información es relevante si tiene que ver con ellos mismos, su barrio, después su ciudad, estado, país y finalmente, el mundo.

2) La información debe ser amigable y fácil de comprender en un parpadear de ojos. Las gráficas son mejores que las tablas. Los colores son importantes. Utilizamos un enfoque del hemisferio derecho: El mensaje debe ser simple, divertido, útil e integral.

3) La información debe ser oportuna. Ponemos al día la información, por lo menos cada semana para la policía y al menos una vez al mes para la comunidad.

4) Las mujeres suelen ser mejores comunicadoras que los hombres. En caso de emergencia los hombres pelean o huyen, las mujeres se reúnen y platican. Cuando entramos en un barrio conflictivo, por lo general, son las mujeres las que siempre

están ahí, preocupándose por los demás y dispuestas a entender el mensaje y transmitirlo5) No luchar contra la ola, surfearla. Las multitudes, la prensa y las comunidades se centran en eventos. Los eventos pueden crear olas de información. No sirve de nada gastar energía tratando de convencer a todos de que la inseguridad ha disminuido si un crimen horrible aparece en los encabezados de los medios. La multitud seguirá la ola, por tanto, será útil insertar un mensaje preventivo dentro del marco noticioso del momento, usar la turbulencia para reforzar la intención del programa.

6) Enfocar. Ser breve. No dispersar. Ser práctico. La multitud no tiene tiempo para discursos, abstracciones o racionalizaciones. El mensaje necesita ser claro, preciso y útil para el cliente, y suficientemente claro para que lo retransmitan a los demás. Entre más breve es el mensaje más enérgico y poderoso su efecto.

7) Usar todos los canales disponibles. Enviamos el mensaje preventivo directamente a la población en riesgo a través de trípticos y pláticas preventivas pero también usamos los medios de comunicación masiva, las redes sociales, el correo directo, el mensaje de boca en boca, el teléfono, SMS, pláticas en escuelas, Twitter, Facebook, email, etc. El sistema tiene que ser permeado con información relevante.

8) La estrategia tiene que ser económica para ser sustentada indefinidamente.

9) El aquí y ahora. La información preventiva es sobre el aquí y el ahora: A qué hora del día, cual día

de la semana y qué colonias son las más propensas a sufrir algún crimen específico.

10) Enfocarse en resultados. Las acciones sólo son relevantes en relación a los resultados. Esto es altamente significativo cuando se habla de rendición de cuentas. En los sistemas políticos no desarrollados la rendición de cuentas se centra en el dinero gastado y en las acciones tomadas sin preocuparse por lo más importante- el resultado.

11) Empoderar a la gente con información. El miedo calibra como energía o información de bajo nivel de conciencia, el empoderamiento, en cambio, calibra muy alto.

12) Hay un punto de quiebre. Cuando el mensaje preventivo alcanza una masa crítica, el sistema gira en la dirección correcta- el punto de quiebre- y los cambios radicales comienzan a suceder. La idea es crear una avalancha. Así que el objetivo es crear presión de manera permanente sobre el sistema hasta lograr la avalancha, la inflexión.

La intención

Las reglas de acción y la información son subsecuentes a la intención. La intención es mucho más sutil y por tanto, mucho más difícil de ver y entender o quizá es tan obvia que no se ve.

La intención puede ser descrita como un propósito o un resultado deseado para el sistema aunque prefiero pensar que la intención es un campo que alinea a todo el sistema: Un campo de poder creado por la intención es primordial pues influye directamente sobre la información y las reglas de acción. Podemos pensar que la intención es el *centro* del sistema.

Sin embargo, no debemos confundirlo con el objetivo manifiesto o el eslogan de las política pública como "justicia social" , "reducción de la delincuencia", "desarrollo social", etc. Éstas son sólo fachadas. Necesitamos ver más allá de la máscara para entender la verdadera intención: los motivos, creencias, emociones y paradigmas que subyacen al objetivo oficial.

¿Existe temor u odio en el programa contra el crimen? ¿Buscamos la venganza o la paz? ¿Hay un deseo encubierto de control? ¿O una necesidad de aplauso y reconocimiento para algún personaje? ¿Esto es real o estamos tratando de disfrazar nuestras intenciones? Con mayor importancia ¿Estamos decididos a hablar con la verdad sin importar lo cruda que pueda ser?

Piense en su propio cuerpo ¿Podría su cuerpo sobrevivir en un ambiente de mentira o con un órgano queriendo controlar o engañar a los demás o con células que escondiesen la información vital?

La intención veraz es un gran atractor en un sistema complejo y aunque sutil e intangible, se materializa en resultados positivos como la reducción del crimen. Las compañías, naciones, organizaciones, familias o personas más exitosas son aquellas que permiten que la verdad aflore, en lugar de culpar a otros, de proyectar la sombra en algún chivo expiatorio. Los programas de sanación siempre inician con la aceptación.

Existen niveles de conciencia respecto a la verdad. La verdad de un político es diferente a la de un ciudadano común y corriente. El psiquiatra holístico y kinesiólogo David R. Hawkins hace una interesante propuesta en su libro *El Poder contra la Fuerza*. Hawkins propone un *Mapa de la Conciencia* que encuentro extremadamente útil si lo relaciono con la intención. La mayoría de los científicos, por el paradigma materialista en el que se ubican, argumentarán que su método de calibración (kinesiología) es debatible pues forma parte de los tabúes de la ciencia y no pienso entrar en esa discusión. Lo que sí puedo decir es que el mapa es una obra de arte y es sumamente perspicaz. Para leer el mapa recomiendo ver primero cada nivel de conciencia, luego la emoción relacionada y más tarde, entender el proceso, la perspectiva de vida y la visión de la divinidad. La escala es logarítmica (o sea que los niveles son mucho mayores a lo expresado, por ejemplo 1 = 100, 2 = 1000, etc.).

“Todos los niveles por debajo de 200 son destructivos para la vida, tanto a nivel individual como para la comunidad; los niveles por encima de 200, en cambio, son expresiones de poder. El nivel 200 es decisivo y es el punto de quiebre que separa las áreas generales de fuerza y poder.”[1]

MAPA DE LA CONCIENCIA

Visión de Dios	Visión de la vida	Nivel	Espina Dorsal	Logaritmo	Emoción	Proceso
Ser Interno	Es	**Iluminación**	C1,2	700-1,000	Indescriptible	Conciencia Pura
Ser Universal	Perfecta	**Paz**	C3	600	Éxtasis	Iluminación
Uno	Completa	**Alegría**	C4	540	Serenidad	Transfiguración
Amoroso	Benigna	**Amor**	C5	500	Veneración	Revelación
Sabio	Significativa	**Razón**	C6	400	Comprensión	Abstracción
Misericordioso	Armoniosa	**Aceptación**	C7	350	Perdón	Trascendencia
Edificante	Esperanzadora	**Voluntad**	T1-3	310	Optimismo	Intención
Consentidor	Satisfactoria	**Neutralidad**	T4-6	250	Confianza	Liberación
Permisivo	Factible	**Entereza**	T7-9	200	Consentimiento	Empoderamiento
Indiferente	Exigente	**Orgullo**	T10-12	175	Desprecio	Engreimiento
Vengativo	Antagonista	**Ira**	L1	150	Odio	Agresión
Negativo	Decepcionante	**Deseo**	L2	125	Anhelo	Esclavitud
Castigador	Atemorizante	**Temor**	L3	100	Ansiedad	Retraimiento
Altivo	Trágica	**Sufrimiento**	L4	75	Remordimiento	Desaliento
Censurador	Desesperanzadora	**Apatía**	L5	50	Desesperación	Renuncia
Vindicativo	Maligna	**Culpa**	SAC	30	Culpa	Destrucción
Desdeñoso	Miserable	**Vergüenza**	CCYX	20	Humillación	Eliminación

[2]

[1] Hawkins, David R. *Power vs. Force* , USA: Hay House Inc, 2002. , 76.

[2] Hawkins, David R. *Power vs. Force* , USA: Hay House Inc, 2002. , 69.

¿Cómo emerge el Orden en los Sistemas Sociales?

Yo tengo una regla muy sencilla: Si los responsables del programa no están dispuestos a comprometerse con el resultado deseado, si anteponen intereses partidistas o personales a la ética o buscan controlar a los demás, generalmente no participo pues no existen suficientes recursos o estrategias que puedan vencer a esta intención de bajo nivel de conciencia.

Utilizando la escala de Hawkins, el programa preventivo que hemos mencionado aquí, el método del Semáforo Delictivo, que hemos aplicado con éxito en estados y municipios de México, calibra por encima del nivel 600 (la paz), mientras que los programas tradicionales, usualmente calibran muy bajo, en el nivel 150 (odio) y eso refuerza la agresión, la venganza y la violencia.

Si desean entender esto más a fondo recomendamos ver el video del Semáforo de la Conciencia en el Canal del Semáforo Delictivo https://www.youtube.com/watch?v=c4Ia9u-hbEk

¿Cómo podemos cambiar un sistema social?

1. Lo primero es clarificar nuestra intención. Los niveles más altos de conciencia tienen mucho mayor probabilidad de éxito. Usando el Mapa de Conciencia de Hawkins podemos decir que los niveles de paz, amor, razón, aceptación o cuando menos, voluntad, tienen un poder de transformación mucho más poderoso que el de el orgullo, la ira, el temor, la apatía, la culpa o la vergüenza. Este proceso de definición lleva tiempo pero es el paso más importante por lo que si la intención no es clara o calibra a un nivel bajo no es recomendable proseguir.

2. Es útil listar y analizar los paradigmas subyacentes a la intención expresada. Aquí muestro una comparación entre un programa tradicional y nuestro modelo:

Cambio Paradigmático

Tradicional	Semáforo Delictivo
• Control (la fuerza)	• Orden (el poder)
• Venganza	• Paz
• Política	• Ética
• Reacción	• Prevención
• Plan determinado	• Plan emergente / iteración
• Cambio progresivo	• Cambio radical
• Jerarquía	• Holarquía
• Acciones	• Resultados
• Privado	• Público
• Policíaco	• Social

3. Respecto a la información, es indispensable obtener la información relevante y retroalimentarla al sistema de manera permanente. Los ciclos cortos (semanas o meses) son mucho más efectivos que los ciclos largos (semestres o años). Recomiendo una estrategia de comunicación sustentable para asegurar que la información se disemine en todos los niveles del sistema.

4. Si la información y la intención se definen de la manera propuesta las reglas existentes del sistema empiezan a operar positivamente. Lo que no implica que si en el proceso se detecta una regla a cambiar, se proceda a su cambio. Advertencia: Tomará tiempo para que los actores involucrados entiendan el valor de la intención y de la información.

5. Seguir las 5 etapas del modelo y repetir el ciclo:

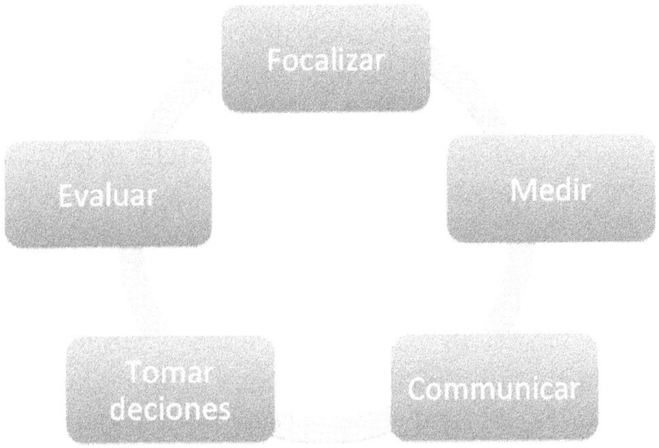

6. Crear un nuevo sistema. Si el modelo itera periódicamente se crea un nuevo sistema. Este procesos es el eje de la transformación.

7. Una vez que se crea la masa crítica el sistema puede cambiar radicalmente hacia el objetivo deseado. Este es el punto de inflexión pero el nuevo sistema aun es frágil.

8. Persistir. Se debe aprender de la experiencia y esto es un proceso sinfín lo que en Calidad se llama la etapa de la mejora continua. La vida es turbulenta; el orden y el caos se complementan. Hay que ser creativos y más importante aun, debemos permitir la creatividad del sistema. Todo afán de control es contrario a la creatividad.

9. Siempre observar los resultados del sistema. Ésta es la mejor de evaluar, por resultados, no por acciones. Debemos tomar una perspectiva integral y holística; no debemos hacer conclusiones o penetrar en los detalles antes de entender el panorama completo. En caso de confusión debemos dar una paso *atrás* y hacia *arriba* para observar el sistema desde lejos.

10. No dispersarse. Focalizar. No debemos perdernos en hipótesis complejas o académicas sin valor práctico. La naturaleza siempre es económica; los argumentos sencillos y claros son más poderosos que los complejos o rebuscados.

El nuevo sistema emergerá una vez que el nuevo campo de influencia sea más poderoso que el anterior.

Parafraseando a Arquímedes: Para mover un sistema social, *el punto de apoyo es la intención* y *la palanca es la información.*

Conclusiones

Trabajar con sistemas sociales complejos ha sido mi pasión por muchos años. La reforma administrativa en gobierno y la prevención social de la violencia y la delincuencia me han enseñado que los sistemas pueden cambiar rápidamente hacia el resultado deseado. El entender cómo emerge el orden complejo es fundamental para líderes, analistas, consultores, estudiantes y comunicadores. Debemos estar atentos al pensamiento lineal; los problemas más graves en nuestra sociedad se deben a este paradigma simplista. La Teoría del Caos y de los Sistemas Complejos debe ser parte de la currícula de las ciencias sociales. Debemos medir y observar los resultados y dar un paso hacia *atrás* y hacia *arriba* para observar el sistema de manera integral. No es recomendable predeterminar estrategias; no hay plan perfecto, es mucho más efectivo y saludable el construir un sistema iterativo que permita que el sistema tome decisiones en todos los niveles; debemos por así decirlo, construir un teclado en donde surja la riqueza de las melodías y las armonías. Lo sistemas débiles tratan de controlar a otros de manera jerárquica, los sistemas fuertes se auto-ordenan. Debemos entender el poder de la intención y el flujo de la información en los sistemas sociales; estos principios son pieza clave para la emergencia del orden complejo. La información es primordial pero siempre sigue a la intención. La intención es el campo de poder que envuelve al sistema. Debemos revisar las emociones, creencias, y paradigmas detrás de los objetivos o las políticas públicas expresos y calibrarlos con el Mapa de la Conciencia de Hawkins.

La verdad es un atractor poderoso para que el sistema tome mejores decisiones. Debemos crear un ciclo corto de iteración e insistir en la iteración del modelo. La palanca de cambio se ubica en una estrategia efectiva de comunicación de dos vías: *escuchar* al sistema y comunicar información relevante. Cuando esto sucede, estaremos creando una avalancha y el cambio se dará eventualmente, un nuevo orden complejo emergerá y se manifestará en todo el sistema.

Si desea ponerse en contacto con el autor envíe un correo a prominix@gmail.com

Si desea sumarse al movimiento, agréguese al Facebook Semáforo Delictivo

Bibliografía y lecturas sugeridas

1. Gladwell, Malcolm. *The Tipping Point,* New York: Bay Back Books / Little, Brown and Company, 2000.
2. Gleick, James. *Chaos: Making a New Science.* New York: Penguin Books, 2008.
3. Gribbin, John. *Deep Simplicity: Bringing Order to Chaos and Complexity,* New York: Random House, 2004.
4. Hawkins, David R. *Power vs. Force* , USA: Hay House Inc, 2002.
5. Kauffman, Stuart. *Reinventing the Sacred.* USA: Basic Books, 2008.
6. Kiel, D. & Elliot, E. *Chaos Theory in the Social Science*, USA: The University of Michigan Press, 2007.
7. Lipton, Bruce H. *Spontaneous Evolution,* USA: Hay House Inc, 2009.
8. Mitchell, Melanie. *Complexity: A Guided Tour,* New York: Oxford University Press, 2009.
9. Prigogine, Ilya. *The End of Certainty: Time, Chaos, and the New Laws of Nature.* New York: The Free Press, 1997.
10. Roel, Santiago. *Between Order and Chaos: A Mexican crime-prevention success story.* www.prominix.com, 2008.
11. Roel, Santiago. *War on Drugs: A Failed Paradigm.* www.prominix.com, 2009
12. Strogaz, Steven. *Sync: How Order Emerges from Chaos in the Universe, Nature and Daily Life,* New York: Hyperion, 2003.

13. Taylor, Marc C. *The Moment of Complexity*. London: The University of Chicago Press, 2003.
14. Waldrop, Mitchell. *Complexity: The Emerging Science at the Edge of Chaos*. New York: Touchstone, 1992.
15. Otros Autores interesantes:

- Per Bak
- Bert Hellinger
- Margaret Wheatley

www.ingramcontent.com/pod-product-compliance
Lightning Source LLC
Chambersburg PA
CBHW070232210526
45168CB00020B/2099
* 9 7 8 1 5 1 2 0 1 0 3 4 3 *